彩妆革命

喷枪化妆技法

Airbrush Makeup

洪小天 著

U0244042

化学工业出版社
·北京·

图书在版编目（CIP）数据

彩妆革命：喷枪化妆技法/洪小天著. —北京：化学
工业出版社，2018.11
ISBN 978-7-122-33004-8

Ⅰ. ①彩… Ⅱ. ①洪… Ⅲ. ①化妆-基本知识
Ⅳ. ①TS974.12

中国版本图书馆CIP数据核字（2018）第207353号

责任编辑：李彦玲　　　　　　　　　　　装帧设计：王晓宇　朱为甲
责任校对：边　涛

出版发行：化学工业出版社（北京市东城区青年湖南街13号　邮政编码100011）
印　　装：北京东方宝隆印刷有限公司
889mm×1194mm　1/16　印张9　字数219千字　2018年11月北京第1版第1次印刷

购书咨询：010-64518888　　　　　　　　售后服务：010-64518899
网　　址：http://www.cip.com.cn
凡购买本书，如有缺损质量问题，本社销售中心负责调换。

定　　价：98.00元

序

　　美从来都不是一件肤浅的事情，人们对美的认知和体会是如此的深刻、透彻。美是一种力量；美是一种个性；美是一种感悟；美是舒适的体验；美是来自对生活的热爱；东田美学大家庭里又一典范之作——洪小天《彩妆革命——喷枪化妆技法》，这是一本弥补彩妆行业喷枪教程空缺的技艺之作。不仅可以让彩妆爱好者快速理解和掌握喷枪技法，帮助专业造型师丰富化妆呈现手段，更重要的是将生活美颜和生活美学有机地结合在一起，分享给广大读者，并帮助大家用艺术审美的多元化视角解读彩妆——从美容护肤、精致妆容到创意概念，通过一个化妆工具的技术手段呈现而丰富充实起来。

2018 年 6 月

任何行业的发展都需要创新和革命，美丽的化妆行业也一样，总有层出不穷的新产品、新技术、新思维不断涌现。而洪小天老师无疑就是我们中国化妆师行业年轻一辈中用新产品、新技术和新思维武装自己的代表之一。当我第一次看见他的喷枪化妆艺术作品，就深深惊叹于他细腻的手法和富有创意的灵感表达。在以后的合作中更领略到他把宏大宽广的气势和精湛雕琢的细节可以完美结合。在坚持教学的过程中也为中国喷枪化妆技术培养了许多人才。祝贺小天老师的《彩妆革命——喷枪化妆技法》上市，也希望你从中不仅收获到小天老师喷枪彩妆的技术和创意精髓，更为自己的彩妆之路开启一扇革命的大门！

2018年6月于东京

从没有想到，在中国会有一个化妆师把一种看似很小的叫作"喷枪彩妆"的化妆门类发扬光大！并且成为了一个流派！我想，这一定需要极大的勇气和不折不扣的探索精神。认识小天很多年，看他一路走来，从研究技法到研发产品，每一步都踏踏实实，没有半点懈怠。终于盼到他出版了《彩妆革命——喷枪化妆技法》，把这些年总结出来的经验毫无保留的奉献给大家！希望这本书的出版能为大家打开一种新的造型视角，也希望能有更多的人像小天一样不断探索，为中国化妆造型行业的发展贡献自己的力量！

2018年7月于巴黎

时代在发展 意识在进步 追求美的手段也更多元化

掌握最in技艺 享受美丽生活。

奥运冠军：刘璇

看《彬彬有礼》感悟人生精彩，读《彩妆革命》分享美丽出彩。

活出精彩，美出色彩！小天是一个对美有着极致追求的造型师…

北京卫视主持人：路彬彬

球手的好拍，侠士的宝剑，书法家的狼毫，歌手的话筒。

行天下，不但需有一技傍身，更要好装备在手。小天的化妆术配合喷枪。佳作，常有。

江苏卫视主持人：李好 郭晓敏

妆生晓梦洪澜景 流光溢彩洞中天

新锐服装设计师、艺术家：叶谦

把手艺和科技完美娴熟地结合，除了天赋，更需要兢兢业业的实战积累。

Tim是我在这个行业所见过为数不多坚持多年精尽自我的人，他的作品记录了他的心血之路。

时尚芭莎、芭莎电影主编：于戈 时尚芭莎：于戈

喷枪是小天的武器，它创造的美丽一样致命。

天马行空的创意，无拘无束的变化，在粉雾的发射后，凝固成了令人惊叹的美妆。

男人装服装总监：余凌远

前言
Preface

从律师到造型师，从沉迷于学术到醉心于技艺，从理性思考到感性创作，一路走来，生活在变，工作在变，境遇在变，唯一没变的是一颗不断求索的心，虽学无所成却乐有所趣。一直以来我都在反思，彩妆对我来说是什么？为什么我会选择她？在工作实践中我慢慢体会，彩妆于我是一种态度，一种对生命的态度，一种对信仰的态度，一种对生活的态度，一种对艺术的态度，一种对时尚的态度，一种对人生感悟的态度。从临摹大师们的笔触开始，到描绘出一个懵懂且孱弱的自我，并将这个过程分享给大家，希望能够对专业化妆师以及所有爱美之士有所帮助。

第一次工业革命，蒸汽机带领我们进入了蒸汽时代；第二次工业革命电力的大规模应用带领我们进入电气时代；第三次工业革命网络带领我们进入了信息时代；时至人工智能的今天，任何事物都求新求快，让我们从各种束缚中解放出来。科技改变生活，喷枪彩妆正满足了现代人求新求快的理念，方便快捷如沐春风一般解决各种美容、美妆问题。让我们从传统化妆模式的框架中解脱出来，让彩妆有更多的可能性。

相信很多朋友看过此书后，会联系到自己的实际操作上的某些问题，如果本书能带给您一点点实用的建议，进而在造型工作上有所裨益，希望不要吝惜与我们分享。

我的微博：洪小天 TimHom

我的邮箱：wintimhom@msn.com

我的网站：www.timhom.com

微信平台：洪小天工作空间

在这里还要感谢各界朋友的帮助。感谢东田造型、北京色彩时代、领潮国际、黑皮彩妆的大力支持。感谢摄影师小亮的掌镜。感谢超模：王翠霞、李玮婷、李玲、马冰玉、杜明洋的倾情出镜。感谢助手小哲、璐露、Thea、汉杰、小鬼、腾飞的辛苦付出。要感谢的太多太多，未尽之处皆在心里……感恩。

2018年8月

目录
Contents

Chapter 1
喷枪大普及

1.1　什么是喷枪

我们化妆的airbrush "喷枪"其实叫作喷笔，是以气泵催动空气并雾化化妆品，然后喷染达到修饰、美化作用的化妆、美体的新兴技术。

1.2　喷枪历史

喷枪最早的发明是用来修补画作、喷漆补色的。后来被广泛地运用于环艺、装饰、工艺造型、街头涂鸦等一系列艺术应用。用于化妆的airbrush压强在人体适应范围之内，雾化细腻，操作简单，方便快捷，趣味横生。

1.3　喷枪与彩妆

喷枪彩妆在世界各地的应用已经十分普及。在世界四大时装周的后台，各种商业广告的拍摄，美容美发时的辅助、美黑，防晒的应用……随处可见。进入中国也已经有一些年头了，并且受到大众的关注与推崇，本书致力于讲解airbrush在日常生活中的应用操作和体验，让更多爱美人士，成为喷枪美妆、美容的达人。

Chapter 2
喷枪彩妆品牌大起底

喷枪品牌

2.1 M.A.C

　　化妆产品、物料丰富，琳琅满目，色彩绚丽。但专业性过强，喷泵沉重，不方便携带。不过其压强马力十足，适用各类彩妆物料，适合专业彩妆师。

2.2　Elemen II

胶状物料为主导。底妆丰富，水润防水妆效持久，不易脱妆，不易卸妆。喷枪工艺精制，手感好。喷泵压强足，适用于大多数种类的化妆物料，略重，不方便携带。适合专业彩妆师。

2.3　Temptu.PRO

中性物料，色彩丰富，喷笔双动结构，喷泵压强中等，适用于大多数彩妆物料。可充电便携，适用于专业彩妆师及民用。

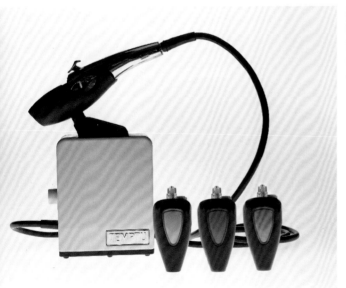

2.4　Temptu

中性物料，底妆色系较全。插拔式免洗枪设计，外观时尚，便捷，方便携带。不可调色。适合民用。

2.5　Hollywood

水状物料，底妆薄透，色彩可选择性不丰富。单动喷枪，不可控制出气量。喷泵轻便，压强低，不适用于胶状物料。

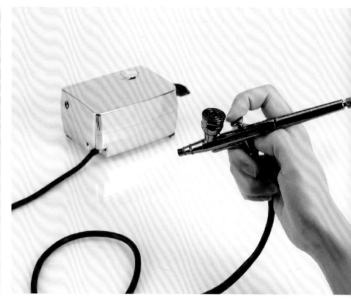

2.6　CS BY TIMHOM

　　物料丰富，胶状、水状、酒精质等化妆物料选择性强。喷枪双动，喷泵压力中等，适用大多数物料。性价比高，适用于专业彩妆师及民用。

喷枪颜料

2.7　DINAIR

　　小巧灵活，方便携带，适合民用，物料水性居多，但可选择性小，喷泵压强过小。

2.8　LUX

　　色彩艳丽，荧光、珠光色料突出。

2.9　Endura

硅胶、酒精质地的防水色料十分出色，固色效果持久，适合特效、水下摄影、纹身喷绘化妆及美甲。

2.10　Cinema Secrets

好莱坞影视特技妆效专用化妆物料，色彩品类丰富，物料种类齐全。

Chapter 3
喷枪与皮肤护理

3.1　喷枪的优点与功效

　　刷子长期使用的过程中，混合了皮肤油脂和色粉极易滋生细菌、尘螨；瓶瓶罐罐的化妆品，也容易因为交触污染而减短使用效期造成变质。由于喷枪的操作全程没有物料和皮肤的接触，干净卫生避免交叉感染，清洁操作方便彻底，并且节约化妆品。从护肤开始到上妆、定妆一步完成，解决皮肤干燥、浮皮、出油、卡粉、待妆不持久、皮肤敏感、暗沉、浮肿等皮肤肌底问题。

3.2   喷枪的正确操作方法

零基础不用怕，下面手把手教你用喷枪。

适量加入化妆品，一按一拉之间轻松完成日常护理。

正确持枪方法：

a.连接软管在手腕缠绕半圈

b.右手持枪，以中指和拇指托住抢体，食指扣
　动扳机

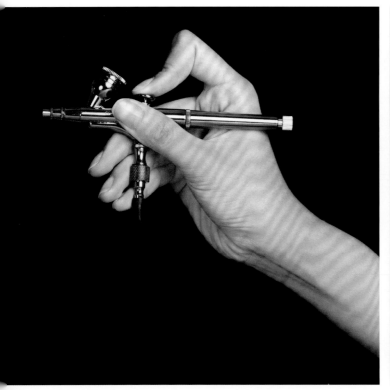

c.向下压出气

d.向后扣动扳机出物料

妆前护理：

a. 滴入3 ~ 5滴化妆水或精华液。对准脸颊，扣
动扳机即可以体验如沐春风一般的护肤过程

b. 下压出气，后拉雾化液体

c. 对准面部喷染至吸收

d. 可反复以上动作数次，直至皮肤保水度饱和

3.3　喷枪的基础护理使用技巧

A. 化妆水

a. 洁面后，喷枪加入补水型化
　妆水 4 ~ 5 滴

b. 下压出气后拉雾化化妆水

c. 均匀地喷洒在面部

B. 精华液

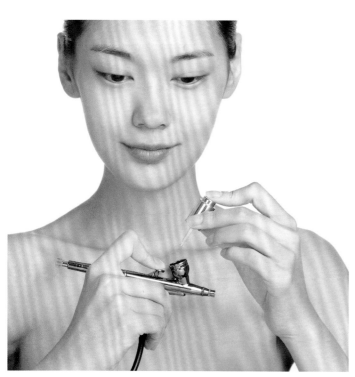

a. 喷枪上壶加入精华液 2 ~ 3 滴

b. 雾化后均匀喷洒用于面部至吸收

c. 也可以用超声波按摩导入仪器辅助吸收

d. 享受喷枪护肤带来的滋养

C.乳液

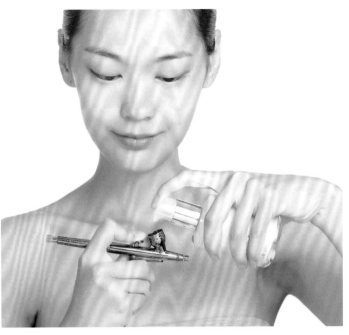

a.补水重要，锁水更加重要，不然被导入肌肤的水分很快会挥发掉，同时带走皮肤里更多的水分，使之干上加干

b.补水、导入精华液后锁住保养品更重要的是滴入乳液

c.雾化后均匀细腻地喷洒在面部

d.也可以辅助导入吸收更彻底

D. 美黑/防晒

　　使用防晒或美黑助晒产品时，涂抹更加细腻均匀，以达到更好的防晒/助晒效果，更适合全身使用。

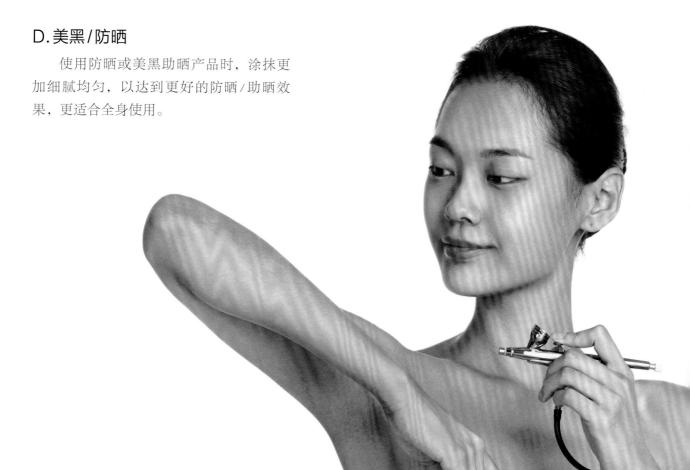

3.4　喷枪纯露灌肤

灌肤：

　　出油、干燥、起皮、定妆不持久、脱妆……归根结底就是因为皮肤缺水。而灌肤就是最行之有效的解决方案，瞬间使皮肤恢复到最佳状态。

a. 喷枪上壶加入10滴洋甘菊纯露

b.5滴尤加利纯露

c.佛手柑纯露5滴

d.低分子量透明质酸2滴

也可以尝试不同功效的纯露带来的护肤效果。

纯露，又称水精油（Hydrolat），是指精油在蒸馏萃取过程中，在提炼精油时分离出来的一种100%饱和的蒸馏原液，是精油的一种副产品，成分天然纯净，香味清淡怡人。

纯露就是芳疗植物蒸馏所得的冷凝水溶液。在蒸馏萃取过程中油水会分离，因密度不同，精

e. 丁二醇2滴

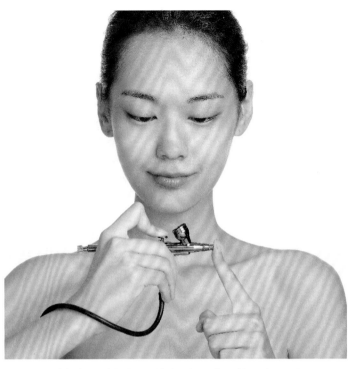

f. 堵住枪头扣动扳机，使气体回冲，将物料混合

g. 距离面部一拳距离，轻轻喷染至吸收

h. 重复以上步骤数次，即可使皮肤焕然一新

油会漂浮在上面，水分则沉淀在下面，这些水分就叫纯露。纯露中除了含有少量精油成分之外，还含有全部植物体内的水溶性物质。拥有百分之百植物水溶性物质的纯露，其所含矿物养分（如单宁酸及类黄酮）是精油所缺乏的。其低浓度的特性容易被皮肤所吸收，完全无香料及酒精成分，温和不刺激，纯露可以每天使用，亦可替代纯水调制各种面膜等。

3.5 喷枪精油淋巴排毒

精油淋巴排毒比按摩安全，无皮肤接触，无刺激，无摩擦损伤，同时精油导入达到瘦脸、消肿和提升皮肤的作用。

喷枪上壶内加入适量所需功效复方精油，或者直接加入基础油再滴入各种单方精油进行混合

依照淋巴腺走向缓缓移动喷枪，并且控制扳机少量的雾化精油，不要一次性喷出过多。枪嘴与面部距离控制在1厘米以内

走向：

a. 眼角～太阳穴～颈部～锁骨

b. 鼻翼～颧骨下陷～太阳穴～颈部～锁骨

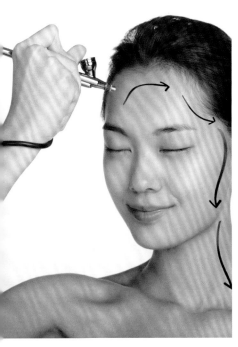

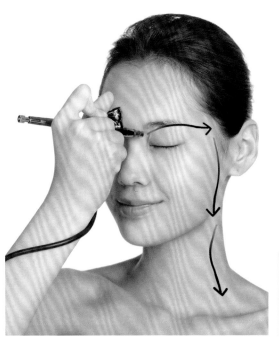

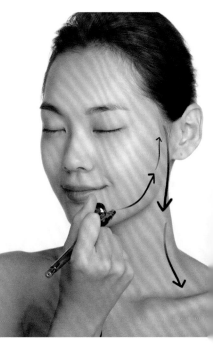

c. 额头～发迹线～太阳穴～颈部～锁骨

d. 眉弓骨～太阳穴～颈部～锁骨

e. 嘴角～下颚～耳根～颈部～锁骨

小贴士

下面也分享一些单方精油的功效和和配方以及使用方法。

一、玫瑰精油

1.取一滴滴肚脐。可治疗宫寒，预防子宫肌瘤及卵巢囊肿；减缓女性更年期症状，治疗阴道干涩，增进情欲；淡化色斑（特别是针对颧骨上的斑点。前期颧骨的斑会发红，后期会淡化）；活血化瘀；内火旺的人，刚滴下时会凉，如是宫寒，则会有暖流。

2.针对红血丝，要配合面部及眼部刮痧，玫瑰1滴+洋甘菊2滴+檀香3滴。

3.长期滴玫瑰精油可以治便秘及腹部多余的赘肉，减肥。

4.具有祛皱、紧肤、补水、美白、淡斑、增进两性关系的功效。

二、姜油精油

1.取5～8滴于木桶泡脚。可治疗失眠，配合于玫瑰滴肚脐，治疗宫寒及预防子宫肌瘤。对月经期的小腹坠胀，用姜油泡脚，血块排得很快。

2.与迷迭香配合，加到洗发露中，可以促生发，防脱发，防治风湿性头痛。

3.扭伤及瘀青处用姜油揉按效果更佳。

三、茶树精油（可单独使用）

1.一滴滴于内裤，可治疗妇科及男性疾病，男女皆可。

2.一滴滴于手心搓揉，可预防感冒及呼吸道疾病。

3.取2～3滴配合姜油于木桶泡脚治脚气效果极佳。

4.茶树的发烧配方：3～5滴茶树+1滴薄荷+3～5滴檀香，可于耳后做淋巴排毒，配合刮痧效果极佳。

5.咳嗽配方：3～5滴茶树+2～3滴尤加利+5～10ML基底油，由下往上刮颈部前任脉处，2～3天效果明显。

6.有伤口直接用可预防伤口化脓。

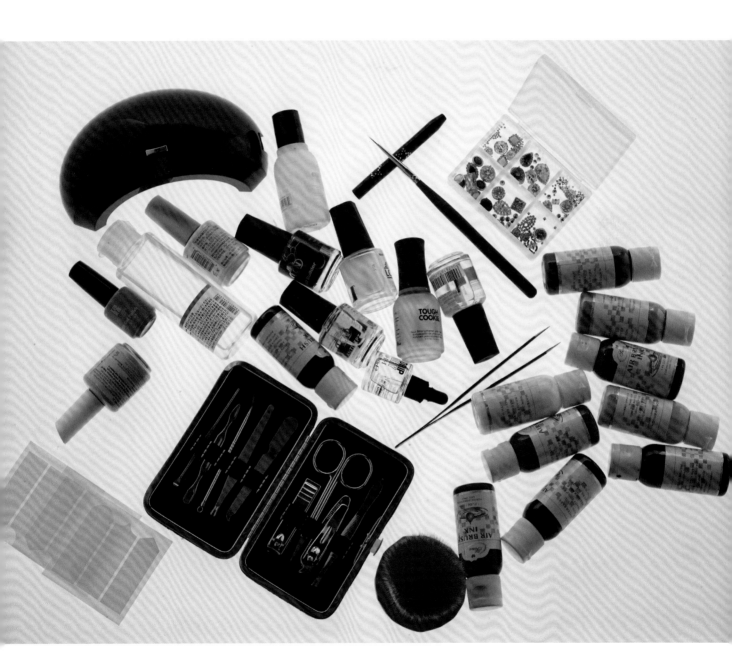

　　同样喷枪还可以运用于香氛、美甲、文身、彩绘等诸多领域。在这里不过多赘述，感兴趣的朋友可以自己大胆地尝试，没有用不到，只有想不到……

Chapter 4
妆前准备

4.1　毛发修整工具

毛发包括了头发、眉毛、睫毛、胡须等。

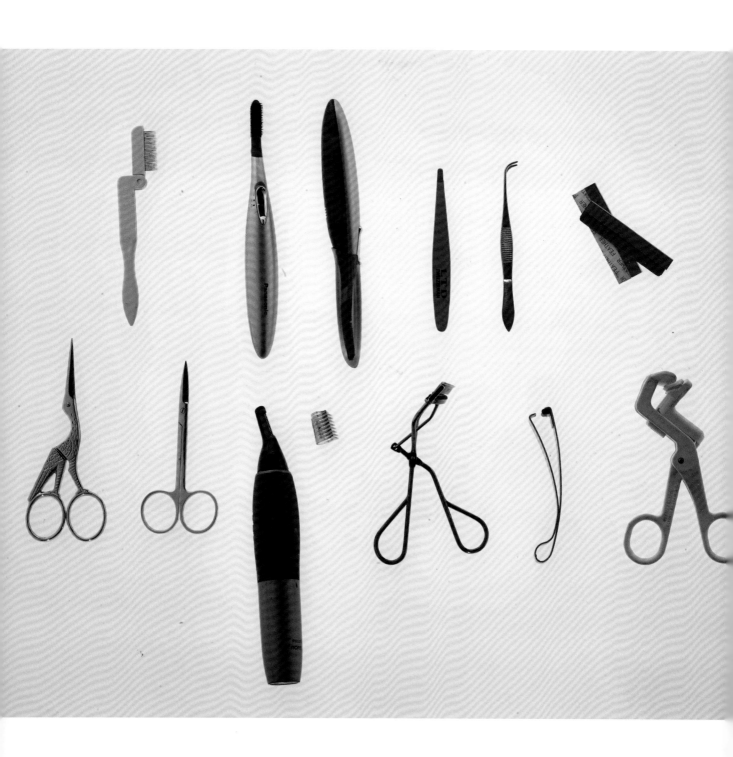

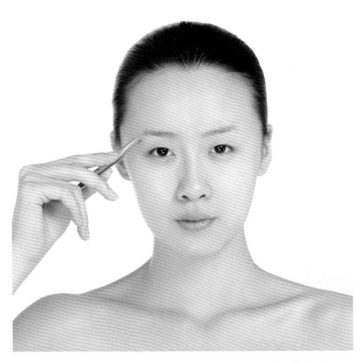

镊子用法：可以将单根的杂毛一根根的精细地拔除

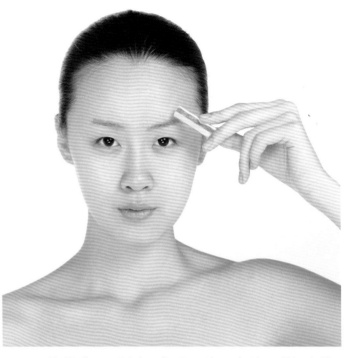

刀片用法：可以大刀阔斧地修正齐整，进行大线条的刻画

电动修眉刀用法：不易伤害皮肤，无痛感的修正毛发

卡尺淡化法：针对毛发过于浓密，或浓淡不均匀，进行淡化均匀处理

4.2　眉毛、假睫毛造型

眉妆基础

眉毛是眼睛的外框。眉头能突出鼻梁；眉峰决定了脸侧印象；眉梢塑造出脸部立体感。

眉形

眉毛在不同程度上左右着脸部表情。找到适合自己的眉形是使面容更生动的关键。

眉形与脸型

适合脸型的眉形，可以弥补脸型不足，强调生动的脸部表情。

自然眉：	直眉：	弓眉：	尖眉：
a.呈现出温柔的印象。	a.突出淳朴自然的印象。	a.富有女人味的优雅印象。	a.呈现出个性鲜明的印象。
b.自然清爽的眉形适合所有脸型。	b.适合长形脸。	b.可以弥补方形脸、三角形脸及菱形脸的不足。	b.使圆脸看上去更长。

眉形与印象

眉毛的浓淡、粗细不同，带出的整体印象也会完全不同。

细眉：	粗眉：	淡眉：	浓眉：
a.细尖形状突出女性味道。	a.自然的形状透出男性的味道。	a.柔和的形状显现温柔。	a.突出个性的形状增强活泼感。
b.使整体印象显得成熟。	b.能修整长脸及圆脸。	b.过淡会显得面容不健康。	b.强调出脸部立体感。
c.脸部骨感过强的缺点更为突出。	c.略带稚气感的活泼印象。	c.淡而粗的眉显现清爽印象。	c.浓而细的眉使脸型收敛。
d.过于强调脸部的长度及圆度。	d.使大眼更显大，小眼更显小。	d.淡而细的眉会使表情单调。	d.浓而粗的眉使表情沉重。

眉与脸的平衡

　　眉毛与面部整体的平衡十分重要。根据眼睛、鼻子的平衡，可以确定眉头、眉梢、眉峰的理想位置及轮廓线。

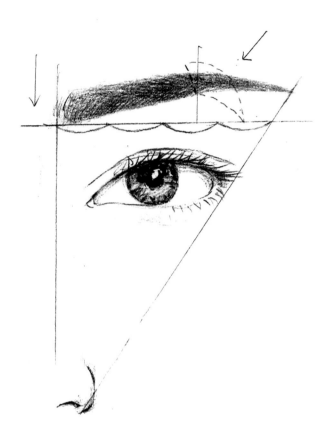

a.眉头：眉头在内眼角的内侧，鼻梁两侧的直线就是眉头初始点。比这长的部分修掉，比这短时应描足。

b.眉梢：位于鼻翼与眼角相连的延长线上。这是一个基本长度。比这短时显得活泼，比这长时显得优雅。

c.眉峰：黑眼球外侧的直线是眉峰的位置基准。用手指触摸感到最突出的部位就是眉峰。这里是圆滑，还是弯曲，决定着眉毛的状态。

d.画轮廓：确定眉头、眉峰和眉梢的位置后，用眉笔标记，将三点连成一线，画出修眉线的基本轮廓。

最佳眉色

　　保持眉毛本来的颜色，看上去很自然。但想要获得与整体妆容最协调的效果，还应考虑与发色是否和谐。最佳的眉色应介于眼球颜色与发色之间。避免使用强烈的红色系。

画眼线的正确姿势

　　想让眼睛的轮廓富有动人的立体美感，突出双眸的神采，画眼线是必不可少的。

　　"无论怎样尝试，线条总是画不好。"遇到这种情况，可能是由不正确的姿势造成的。

　　确认手部、肘部和镜子的位置是画出美丽眼线的前提。

正确握笔姿势：

手拿眼线笔时要握在眼线笔尖端3～4厘米的地方，然后把手轻轻地支在脸颊上，以此为支点。

错误的握笔姿势：

肘部没有很好的固定住时，整个腕部处于不安定的状态，轻微的晃动也会使画出的线条弯曲。

关于眼线笔：

建议使用黑色效果跟自然的深棕色，如果新的眼线笔太尖的话，要用手指甲将其修圆滑后再使用，以免使笔尖折断或线条不易晕开。

坐着画眼线：

把肘部固定在桌子上，保持上身平衡，眼睛尽量往下看露出睫毛根部。

站着画眼线：

不用拿着眼线笔的手固定住持笔侧的肘部，使手臂稳定，下巴要微微抬起。

眼线工具

a.眼线液：涂上后富有光泽的液体眼线笔，柔韧的笔尖，适合初学者使用。

b.眼线笔：适中的硬度，使触感轻盈。

c.白色眼线笔：干净的白色勾勒出明亮的眼部。

4.3　面部轮廓

T形区：连接额头与鼻梁的T形部位。易分泌油脂，化妆时要着重处理。

颧骨：鬓角到鼻翼的连线上突出来的骨头就是颧骨，是涂腮红的主要部位。

脸颊：脸的两侧部分，涂上阴影可修正脸型。

额头：眉上至头发的部位，涂上光亮阴影粉可呈现立体感。

C形区：连接眉和脸颊的部位。在这里涂上亮粉营造高光。

鼻翼：由于侧面有凹陷，粉质化妆品很容易残留此处，上妆时需特别注意。

U形区：由下巴向两侧延伸至颧骨处。

眉头：眉的起点。下方凹陷处是鼻梁的根部。

眉峰：眉毛的最高点。

眉梢：长至连接鼻翼和眼梢的延长线上最理想。

眼角：靠近鼻侧的眼端部位。

眼线：眼睛睁开时的轮廓线。化妆时需沿上下眼皮边缘描出线条。

眼窝：眼球所在凹陷部位，是涂眼影的主要区域。

眼梢：靠近两鬓的眼角，上下眼皮的连接处。

唇峰：上唇中部的两个凸起处。

嘴角：上下唇的连接点。将唇膏涂在此处，有收缩效果。

脸部结构　六种脸型

椭圆形脸

脸型特征：

a.线条弧度流畅，轮廓均匀。

b.额头宽窄适中，与下半部平衡均匀。

c.颧骨中部最宽，下巴成圆弧形。

修饰重点：

　　椭圆形脸又称鹅蛋脸，是最标准的脸型。

长形脸

脸型特征：

a.长度比标准的中间三等分略长。

b.颧骨长且宽，下巴略长。

c.颧骨较低且平坦。

修饰重点：

a.颧骨上方用浅色粉底使颧骨凸显。

b.额头上方用深色粉底，缩短脸型。

c.眉毛成柔和弯曲，不能太细。

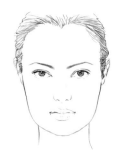

圆形脸

脸型特征：

a.额头、脸颊和下巴呈圆弧形。

b.脸庞较宽，中间三等分较短。

c.脸颊丰满，但颧骨不明显。

修饰重点：

a.额头、鼻梁及下巴加浅色粉底，拉长脸部。

b.脸颊两侧加深粉底色，腮红刷在颧骨处。

c.提高眉毛，强调眉毛的弧度。

方形脸

脸型特征：

a.脸部线条较刚硬。

b.脸颊两侧腮骨突出，下巴方平。

c.额骨较宽，颧骨较平。

修饰重点：

a.用深色粉底在下颌骨修成三角形，使脸型柔和。

b.适合弧度较圆的眉形，方宽脸的眉毛要长些。

c.涂在颧骨的腮红不要有任何线条。

倒三角脸

脸型特征：

a.上款下窄，下巴较尖。

b.额头宽而平坦。

c.颧骨因额头宽而不明显。

修饰重点：

a.额头两侧涂深色粉底，缩短宽度。

b.腮红顺着两侧颧骨刷至太阳穴。

c.眉头略粗，拉近眉距，眉梢宜近些。

菱形脸

脸型特征：

a.多角度的脸型，中间较宽。

b.额头较宽，下巴尖而窄。

c.颧骨突出，两颊不丰满。

修饰重点：

a.额头下巴涂浅色粉底，颧骨涂深色粉底。

b.腮红要自然涂在颧骨上并自然晕开。

c.呈圆弧状的眉毛可以缓解生硬的线条。

腮红基础

使肤色红润的腮红突出了整体装容的立体感，缔造出完美的脸型与健康的印象。用高光、阴影与腮红巧妙地修整脸型，塑造出极富立体感的完美妆容。

腮红与脸型

 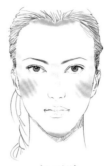 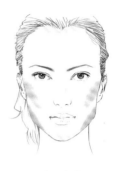

椭圆形脸

适用于所有脸型：高光，加在T型区、眼睛下面和下巴上。

阴影，基本的画法与"自然型"相同，呈圆形涂在颧骨上。

腮红，不必涂腮红。如果要涂，可以从脸颊向下巴打上轮廓。

长形脸

收敛宽度和长度：高光，画在鬓角的侧面与眉毛之间，使脸看起来较宽。

阴影，画在额头上端和下巴尖上，使脸看起来较短。

腮红，基本的画法与"可爱型"相同。与鼻子平行横向晕染，面积稍大，使脸看起来不至于过长。

方形脸

掩饰突出的脸角：高光，画在额头上端和下巴尖上，营造柔和感。

阴影，加载有棱角的额头两侧和腮上，淡化脸角。

腮红，基本画法与"时尚型"相同，从脸颊的上部开始画上竖长的角度很小的腮红。

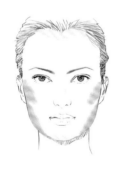 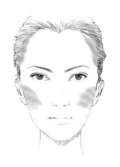 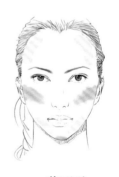

圆形脸

缩窄脸的幅度：高光，画在额头上端和下巴尖上，使脸看起来显长。

阴影，从脸的两侧向下巴尖的方向画，使脸看起来窄一点。

腮红，基本画法与"时尚型"相同。两颊上部画上竖长的角度小的腮红。

倒三角形脸

提升可爱度：高光，从两颊的侧面向下巴加入，使脸型膨胀。

阴影，画在额头两侧，用一定的角度使额头看起来较窄。

腮红，基本画法与"可爱型"相同在脸颊的下部，与鼻子平行向颧弓下陷晕染。

菱形脸

淡化尖额头和下巴：高光，在额头两侧加上高光，使其看起来较宽，在脸颊的两侧到下巴上也加上，可以使脸型膨胀。

阴影，画在颧骨两侧和下巴尖上，淡化棱角。

腮红，基本画法与"自然型"相同，沿颧骨画上腮红。

4.4 　唇部造型

调整唇形与唇色

　　用唇线、口红与粉底，修补不理想的唇形与唇色。在调整唇线时，在嘴角内侧和外侧的唇线都不能超过原来轮廓的1.5毫米，塑造出拥有完美轮廓与色泽美丽的双唇。

色泽不好的嘴唇

　　暗色的嘴唇，用明亮颜色的口红感觉发白，用暗色口红又显得夸张。应该选择比妆容色略红的颜色。比如，想以棕色系为最终印象，就选棕粉色。

口红的颜色与质感

　　大而厚的唇形适合与肤色相融的暗色调或不显眼的颜色。鲜艳的颜色可以使小而薄的唇显出丰满。涂哑光口红显得成熟。涂唇彩显得活泼，但容易脱妆。含有珍珠色或金色的闪光唇彩具有反射的效果，使嘴唇显得很光滑。

内曲线的唇

这是指上唇线向内侧凹陷的嘴唇。以上唇的嘴角和唇尖为标准，与下唇的大小与圆度相一致，画出上唇的轮廓。为避免上唇色不自然应用比口红再深的同色系唇笔。

下唇突出的嘴唇

画唇线时，上唇稍向外侧，下唇稍向内侧。上唇选择稍明亮的颜色，并用荧光、唇彩制造立体感；下唇则使用暗一些的颜色，收敛突出下唇，使双唇显得均匀而协调。

左右不对称的嘴唇

用粉底或遮瑕膏遮盖嘴唇的轮廓，按原唇线边修正歪曲的部分边画好唇线，使其左右对称。由于在原来皮肤上着色，为了避免不自然，用哑光的浓色唇笔先涂满，然后再涂上同色系的唇膏。

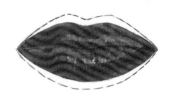

嘴角下唇的嘴唇

将嘴角的位置设定在比原来嘴角略高的地方。用粉底或遮瑕霜遮盖下嘴角的轮廓，上下唇线都从那一点开始画成自然的弧形。下唇线向上弯曲，使嘴角看起来向上翘。

小唇

比嘴唇原来的轮廓稍微向外画上唇线，选择鲜艳的颜色。眼妆要化得淡些，将视线集中到嘴部，突出唇部印象。

大唇

用粉底遮盖原来的轮廓，稍微往里面画上唇线。口红选择与唇线相近的自然色。强调眼部化妆，避免把视线吸引到嘴部。

薄唇

口红应选择明亮的颜色。用荧光和光泽来突出立体感。如果勉强画上大的唇线，看起来会很不自然，所以用颜色和质感来掩饰。

厚唇

口红选择用与肤色相近的颜色，少用荧光。T形区与下巴涂上高光。调整脸部整体的凹凸感。以视觉效果使嘴唇看起来并不突出。

Chapter 5
喷枪彩妆

5.1 清透水润心机裸妆

资生堂心机睫毛夹
MAC防过敏睫毛胶水
资生堂恋爱魔镜睫毛膏
松下电烫睫毛器
海蓝之谜提升塑颜精华露
Kesalan Patharan幻彩遮瑕膏
colour story凝露定妆液
colour story飞霜粉底
colour story柔雾颜彩
kate自然眉色优质染眉膏
兰蔻流光炫色唇彩

打造水光清透肌

A.完全素颜

B.眼睛往下看，使用夹睫毛，眼尾不好夹翘的睫毛可以选择小睫毛夹

C.夹好的睫毛可以用睫毛梳梳理一下

D.挤出睫毛胶，选择半段式透明梗假睫毛，眼睛向下看，将假睫毛粘在靠近真睫毛根部，眼尾处，可通过假睫毛弧度来调整眼形

E.这样假睫毛就粘好了

F.刷睫毛膏，让真假睫毛更好地结合在一起

G.用电烫睫毛器梳理睫毛，并让睫毛更卷翘

H.睫毛部分就完成了，重复同样步骤完成另一边睫毛

I.滴入3 ～ 5滴化妆水在喷枪上壶均匀喷洒在面部

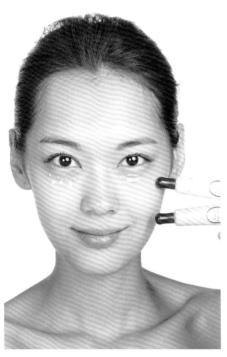

J.选择橘色和黄色遮瑕膏，涂在黑眼圈下围，使用指腹轻轻往上拍打

K.选择粉底颜色时可以把粉底喷在试色棒上，用以和皮肤做比较，没有色差即粉底选择合适

L.喷粉底时，喷枪与面部保持一拳距离

M.以乒乓球大小均匀喷染整脸，喷染粉底要薄、均匀，少量多次的上色

N.粉底喷尽，不用清洗喷枪，直接滴入新物料，注意由浅至深的顺序加入颜料

O.喷在试色棒上比较新颜料的适色度

P.均匀地喷在脸颊，少量喷染在额头、鼻头，以及下巴，这样更加体现白里透红的好气色

Q.将腮红喷尽，直接滴入深色修容1～2滴试色

R.均匀喷染在颧弓下陷及脸颊边缘，继续用深色修容做眼影，均匀喷染在睫毛根部到双眼皮褶皱范围，眼影部分完成

S.滴入3～5滴定妆液喷染全脸定妆

T.刷睫毛，下睫毛同样要强调，眉形ok只需用染眉膏梳理，涂上自然的唇彩

小贴士

冷暖色的区分方法

色彩测试

区别冷色与暖色：在左右脸颊上，分别涂上黄色底霜（暖色）和紫色底霜（冷色），并涂开，与皮肤相融合的是最适合自己的颜色。

亮度测试

找到合适肤色的粉底颜色：在一侧两颊上并列涂上暗色，中间色和亮色的粉底，最与肤色相融合的颜色就是最合适的粉底色了。

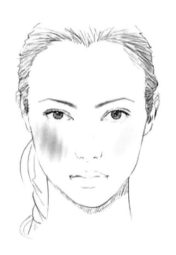

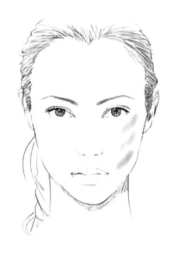

冷色系

适合紫粉色粉底，冷色系的人，嘴唇一半涂上粉红色口红，另一半涂上粉蓝色口红。

暖色系

适合黄色粉底，暖色系的人，嘴唇一半涂上浅茶色，另一半涂上褐色口红。

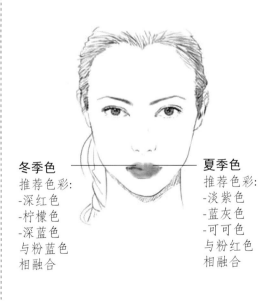

冬季色
推荐色彩：
-深红色
-柠檬色
-深蓝色
与粉蓝色
相融合

夏季色
推荐色彩：
-淡紫色
-蓝灰色
-可可色
与粉红色
相融合

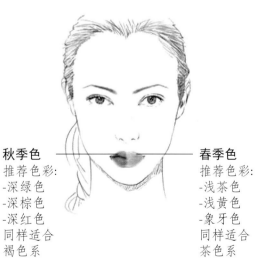

秋季色
推荐色彩：
-深绿色
-深棕色
-深红色
同样适合
褐色系

春季色
推荐色彩：
-浅茶色
-浅黄色
-象牙色
同样适合
茶色系

5.2　两分钟瓷光赴约妆

在日妆基础上闪电变妆

NARS单色眼影、娥佩兰双眼皮胶水、mac唇膏、colour story柔雾颜彩

A.滴入1～2滴紫色眼影液

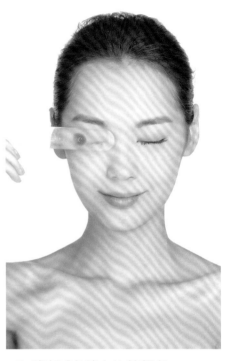

B.喷在试色棒上比较颜色

C.均匀喷染眼部及下眼睑

D.滴入1～2滴金色眼影液

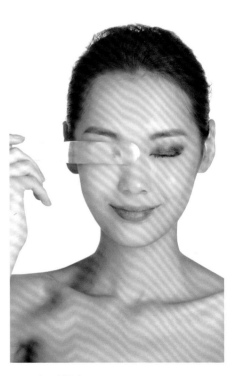

E.比对颜色

F.均匀喷染在眼头位置，向后自然过渡

G.平头刷蘸取少量黑色眼影粉，加深睫毛根部

H.选一对自然的假睫毛，粘在靠近睫毛根部的位置

I.涂口红

小贴士

① 一般妆容请按照由浅至深的顺序滴入颜料。

② 更换颜料时只需将上壶内残留物料喷净，再加入新颜料，手指堵住枪口，扣动扳机使壶内物料彻底混合后，在面巾纸上试下色差即可进行下步喷绘，不必每次更换颜料即清洗喷枪。

③ 喷泵压力分成低、中、高三档，可依据物料质地的稀、稠度选择压强档位。

④ 喷枪是双动机芯，即向下压动扳机出气，向后扣动扳机出颜料，依据手指扣动扳机的强弱和喷染目标物的远近来控制颜料的浓淡和面积的大小，控枪时，喷口离面部越近喷染面积越小，反之越大，依据点动成线，线动成面的原理进行点、线、面的变化；柔雾颜彩颜色轻柔亦可以反复叠加达到理想的纯度、明度和饱和度。

5.3　白里透红釉光开运妆

benefit 反恐精英
浮生若梦遮瑕膏bobbi bronw 唇颊两用膏
mac face and body 粉底液
colour story 凝露定妆液

资生堂心机广角睫毛夹
资生堂恋爱魔镜睫毛膏
松下电烫睫毛器
colour story 柔雾颜彩

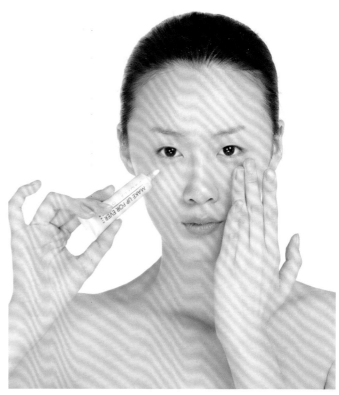

A.护肤，滴入3 ~ 5滴化妆水喷染整脸

B.遮瑕，遮毛孔

C.用指腹蘸取腮红膏，涂在眼
睑、腮、唇部，然后用手指
晕开

D.滴入3～5滴粉底

E.可以用一支吸管，帮助呼吸。
手持喷枪距离脸一拳距离，以
乒乓球大小画圈，均匀喷染
整脸

F.滴入2～5滴定妆液，均匀喷
染全脸，定妆

G.夹睫毛、涂睫毛膏、电烫睫
毛卷翘

H.滴入1～2滴浅棕色颜料

I. 找出适合自己眉形的模板

J. 通过上下移动模版控制粗细；前后移动控制长短、扣动扳机力度大小以及喷枪远近距离控制颜色浓淡

K. 滴入 1～2 滴粉色颜料移动模板喷染唇部，白里透红与众不同的釉光开运妆既成

5.4 夏日海滩度假防水妆

皙兰滋润因子柔肤水　　　　　kissme防水眼线液笔
mac遮瑕膏　　　　　　　　　kiss me防水睫毛膏
资生堂心机广角睫毛夹　　　　　松下电烫睫毛器
colour story飞霜粉底　　　　　好莱坞的秘密定妆水
colour story by timhom喷枪模版

A.滴入3～5滴化妆水均匀喷染整脸

B.用遮瑕膏遮黑眼圈

C.先夹睫毛，眼尾难夹的睫毛可以选择小睫毛夹

D.滴入3～5滴粉底均匀喷染全脸，可以用吸管帮助呼吸，防止吸进粉底

E.发际线的位置可以用模板遮挡，防止将粉底喷染在头发上

F.选择眼线液笔勾画眼线

G.滴入1～2滴银色硅基喷枪物料，借助模板均匀喷染眼影

H.用防水假睫毛胶水粘上假睫毛

I.上防水睫毛膏

J.用电烫睫毛器催干睫毛膏，使真假睫毛完美结合、卷翘并根根分明

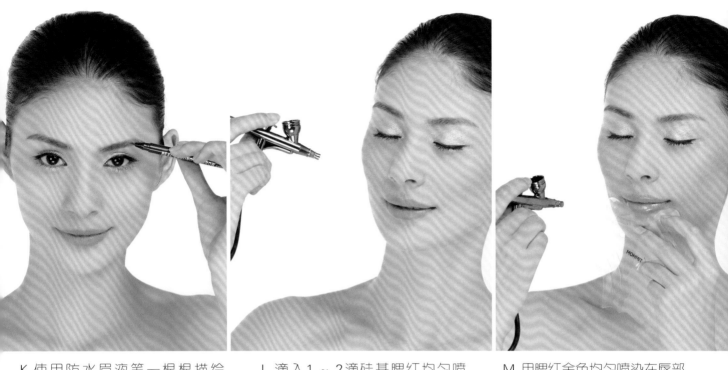

K.使用防水眉液笔一根根描绘眉毛

L.滴入1～2滴硅基腮红均匀喷染在两颊

M.用腮红余色均匀喷染在唇部

N.使用防水定妆液定妆

小贴士

　　防水妆容不要带妆时间过长，保障肌肤的有氧呼吸。

5.5 让公主也疯狂玩转野性小"纹身"

colour story by timhom
喷枪模版
colour story by timhom
柔雾颜彩
好莱坞的秘密定妆液
娥佩兰双眼皮胶水

A. 选择喜欢的"阳纹"模版图样

B. 贴在任何你喜欢的部位

C. 滴入3~5硅基滴纹身

D. 均匀地、少量多次地，一层层喷染，直到颜色饱和

E. 待干后撕下模版

F.滴入 1 ~ 2 滴定妆液使纹身更
持久

G.均匀喷染定妆

H.同样还可以选择自己喜欢的
"阴纹"图案喷染

I.把雪花模版粘在脸颊

J.滴 1 ~ 2 滴白色颜料

K.均匀喷染，使边缘呈雾状晕染

L.取下雪花模版

M.滴入 1 ~ 2 滴定妆液使纹身更
　持久

N.均匀喷染，定妆，纹身效果就
　完成啦

小贴士

　　为使得纹身效果更持久，身体部位可以选
择酒精质地的喷枪颜料，防水防汗不易脱落，
注意喷绘边际线的羽化效果，模仿真实纹身的
"打雾"。

5.6 烈焰红唇复古瓷光妆

皙兰滋润因子柔肤水

dior 遮瑕膏

colour story 粉底液

colour story 融雪混合液

colour story by timhom 喷枪模版

colour story 无痕蜜粉

资生堂恋爱魔镜透明睫毛膏

资生堂心机广角睫毛夹

colour story 柔雾颜彩

A. 滴入3 ~ 5滴化妆水均匀喷染整脸

B. 选择眼部遮瑕产品遮黑眼圈

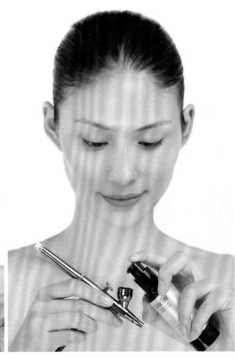

C. 将粉底和融雪混合液混合

D.抵住喷枪嘴，向下向后扣动扳
机使得气体回冲稀释粉底液

E.用枪口对准脸上的痘痘或者痘
印，进行局部遮瑕

F.喷染粉底时利用模板遮挡发
际线

G.刷子蘸取适量散粉吸干水分和
油分，使皮肤呈哑光状态

H.滴入1～2滴深色柔雾眼彩借
助模板前后上下进行喷染

I.夹翘睫毛

J.滴入1~2滴黑色颜料借助模板喷染眼线和睫毛

K.使用钢齿睫毛梳，梳通梳顺睫毛

L.滴入1~2滴修容喷染在颧弓下陷的位置，过渡自然

M.滴入1~2滴嫣红色颜料借助模板选择适合的唇形进行唇部喷染

小贴士

用模板喷绘眉毛时，通过上下移动模版改变喷绘线条的宽度，左右移动模版改变喷绘线条的长度，移动喷枪的远近距离改变线条的浓淡，多加练习就可以喷绘出疏密有致、浓淡相宜的眉形了。

5.7　最美coser芭比妆

皙兰滋润因子柔肤水
资生堂心机广角睫毛夹
mac遮瑕膏
植村秀角质内眼线笔
colour story 柔雾颜彩
mac白色眼线笔
colour story by timhom喷枪模版
mac眼线笔
娥佩兰双眼皮胶水
资生堂恋爱魔镜睫毛膏
browlash眉胶
dior唇彩

A.滴入3～5滴化妆水整脸喷染，护肤

B.眼部遮瑕修饰眼袋黑眼圈

C.夹翘睫毛

D.滴入3～5滴粉底均匀喷染
整脸

E.眼线笔勾画内眼线，填黑睫毛
之间的空隙

F.滴入1～2滴棕色眼影借助模
板遮挡，喷染上眼影

G.用白色眼线笔，勾画下眼睑的
内眼线

H.借助模板遮挡，喷染下眼影

I.用眼线液笔画上、下眼线

J.沿上下眼线粘假睫毛，用睫毛膏使真假睫毛结合

K.滴入 1 ~ 2 滴腮红均匀喷染在眼下

L.滴入 1 ~ 2 滴高光液提亮T区和内眼角

M.使用眉胶刷顺眉毛，使眉毛服帖

N.涂唇彩

O.佩戴美瞳，芭比妆就完成啦

5.8　男士英气无痕妆

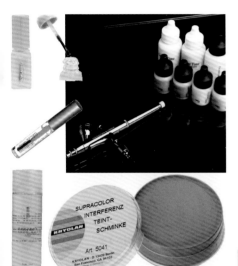

岚皙滋润因子柔肤水
德国面具腮红膏
colour story 飞霜粉底
browlash 眉胶
丝芙兰自然透明睫毛膏

A.毛发修理，剔除多余毛发

B.眉毛下部的杂毛适当清理

C.卡尺淡化，使眉色均匀

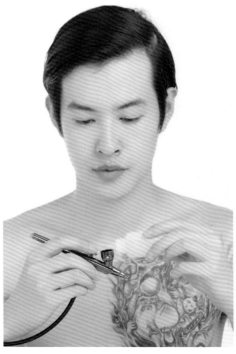

D.滴入3～5滴化妆水

E.均匀喷染整脸，护肤

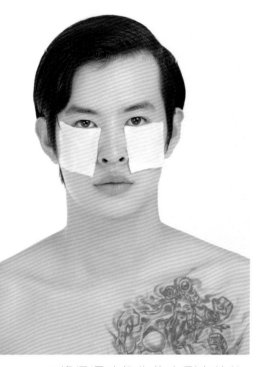

F.将保湿功能化妆水倒在棉片 上，敷在两颊

G.涂上毛孔修饰膏遮盖毛孔

H.润唇，扶平唇纹

I.选择偏粉色的遮瑕，中合发青 的黑眼圈

J.选择比肤色较深一度的粉底， 滴入3～5滴

K.喷染出轮廓使整脸粉底均匀

L.透明眉胶刷在眉毛上使眉毛根 根分明

M.用螺旋刷梳理眉毛、定型

N.用透明睫毛膏刷翘睫毛

O.滴入1～2滴定妆液喷染整脸 定妆整个妆就完成啦

小贴士

男士妆容以修饰干净为主切忌过重过浓，视而不见的妆容才能显示男子气息。

5.9　七彩发色天天变

好莱坞的秘密定妆液
colour story 柔雾颜彩

A.分出一片发片

B.将发片固定在头顶，并且找一张白纸

C.白纸固定在其余头发上，发片放在白纸上

D. 滴入1～2滴蓝色珠光颜料

E. 将蓝色均匀喷染在发片上

F. 滴入1～2滴绿珠光色颜料

G. 接着蓝色喷染发片

H. 滴入 1 ～ 2 滴金色珠光颜料

I. 接着珠光绿色喷染发片

J. 滴入 1 ～ 2 滴定妆液

K. 均匀喷染，定妆

5.10　纹身遮盖

德国面具肤腊
colour story 飞霜粉底
好莱坞的秘密定妆液

A. 用调刀取下一小块肤蜡覆盖一层在纹身处

B. 均匀涂抹细腻抚平

小贴士

　　肤蜡一定少量多次地刮取涂抹才能有很好的遮盖效果，如果肤蜡过硬，可以用吹风机暖风微微吹融化，再使用。

C.滴入1～2滴粉底

D.喷在试色棒上比对颜色

E.均匀喷染在纹身上，可以看到纹身完全被
　遮盖了

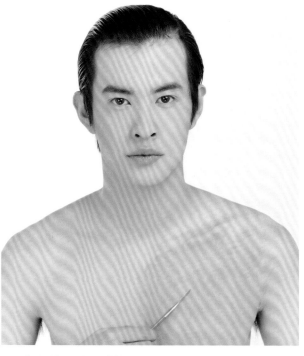

F.胸前的纹身同样处理，先用肤蜡覆盖一层

G. 滴入4～6滴粉底

H. 喷在试色棒上比较颜色

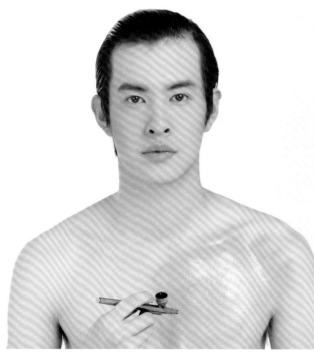

I. 均匀喷染在整个纹身上

J. 用定妆液定妆

5.11　DIY自己的彩妆——将所有化妆品喷出来

植村秀单色眼影
colour story 融雪混合液

A.DIY自己的彩妆吧，用调刀抠取一些眼影粉

B.把眼影粉研碎至粉末状，倒入喷枪上壶

C.滴入与眼影粉等量的融雪混合液

D.堵住枪口，后拉将其充分混合

E.喷在手背上试一下颜色

小贴士

　　每次喷绘前请在面巾纸上确认颜度和笔触感再上妆，控枪时通过调控出气量和颜料量，一层层、一遍遍地逐步叠加直到理想效果。

　　如发生喷枪堵塞，请加入适量融雪混合液，手指堵住枪口，扣动扳机使壶内物料彻底稀释即可喷出，"不可一次性加入过多"或彻底清洗喷枪再次操作。

　　同理，我们可以稀释普通粉底、粉饼、腮红、修容、唇膏等等各种彩妆品，然后即可喷出任何自己喜欢的颜色啦。

　　可以比较看出喷枪喷出的颜色比刷子刷出的颜色要更饱和，效果更好！

Chapter 6
喷枪彩妆高级技法

6.1 羽化法（星芒妆）

colour story 人体彩绘膏
colour story 柔雾颜彩
dior 魅惑唇彩
benefit 眼线笔

> **小贴士**
>
> 注意中间实、边缘虚的羽化，以造成发光假象。

A. 先用勾线笔蘸取白色人体彩绘膏

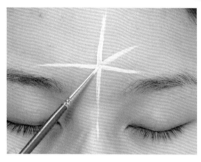

B. 在眉心处画出星芒的光芒放射线

C. 选取茶白色柔雾颜彩滴入喷枪上壶

D. 由中心向四周扩散地喷出晕染效果

E. 用试色棒取一些钻石散粉

F. 利用双动喷枪下压出气的独有爆破出气功能将钻石散粉吹向额头，进一步渲染

G. 取不同大小的水钻

H. 再涂上透明唇彩，用唇线笔蘸取不同大小的水钻贴于唇上

I. 选择一根红色眼线笔进行眼线描绘的假象

6.2　反透法（冷眼看世界）

mac 可晕染眼线笔
colour story 飞霜粉底

独角兽唇釉

A. 先用可晕染眼线笔画出闭合
式眼线

B. 选取皂色柔雾颜料滴入喷枪上
壶，微微扣动扳机将柔雾颜彩
由睫毛根部向外晕染

C. 喷出大烟熏的眼妆结构，上粉底前，可以
用棉棒、湿巾擦拭修正

D. 选取6号飞霜粉底滴入喷枪
上壶，微微扣动扳机在两边
脸颊上均匀喷出侧影

E. 选取3号飞霜粉底滴入喷枪
上壶，用3号飞霜粉底进行
全脸喷染，同时将眼影和侧
影的边缘线虚化

F. 涂上哑光咖色唇釉

6.3　色彩叠加法（银河）

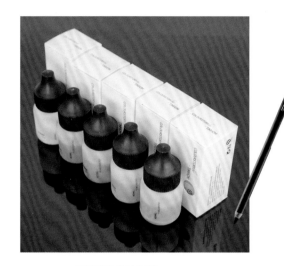

mac 可晕染眼线笔

colour story 柔雾颜彩

A. 先将眼睛用眼线笔化一个闭合式眼线

B. 选取茶白色柔雾颜彩滴入喷枪上壶微微扣动扳机，在眼睛上喷出一条银河的弧线

C. 选取皂色柔雾颜彩滴入喷枪上壶，微微扣动扳机，在之前的基础上喷染物料，增加银河系的对比度

D. 选取靛青色柔雾颜彩滴入喷枪上壶，微微扣动扳机叠加深色物料上

E. 再用水钻加以点缀，进行星河渲染

6.4　遮盖法（梦魇）

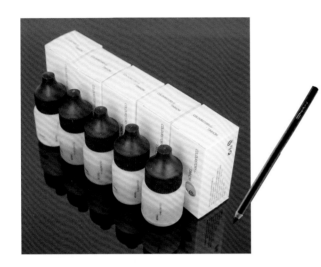

colour story柔雾颜彩

A.选取皂色柔雾颜彩滴入喷枪上壶，将全脸皮肤全部均匀喷黑

B.选取茶白柔雾颜彩滴入喷枪上壶

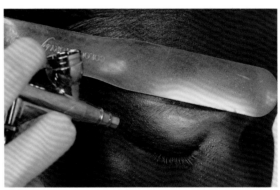

C.将试色棒遮盖在眉毛上方，扣动扳机进行喷染

小贴士

可以通过不同的模版遮盖喷出特殊的形状，配合羽化法，反复喷染渲染效果。

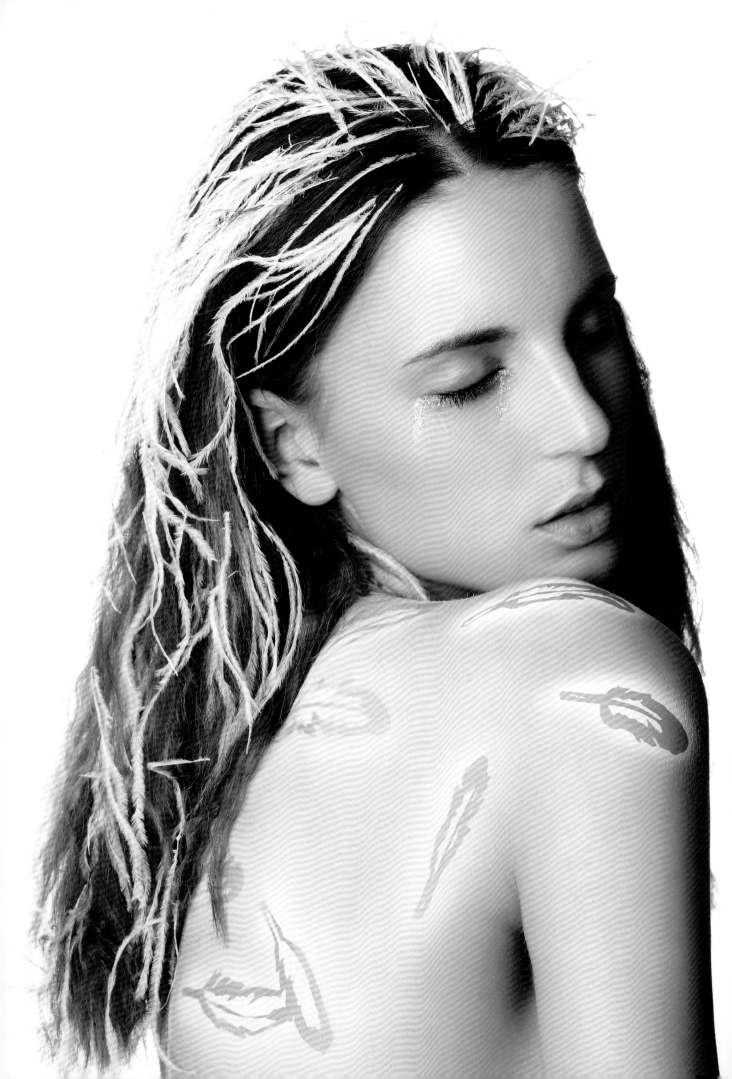

6.5　镂空法（天使泪）

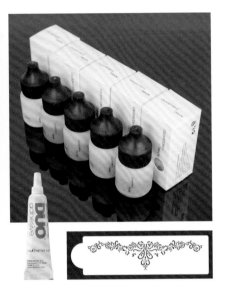

Mac防过敏胶水
colour story柔雾颜彩
colour story by timhom喷枪模版

A.选取有凸起的纹样图形，上面
　覆盖一张A4纸，用2B铅笔在
　纸表面来回涂抹，拷贝出纹样

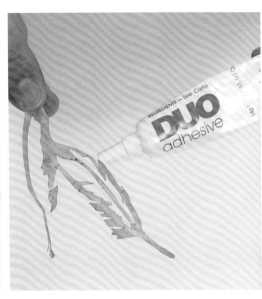

B.将拷贝好的纹样用剪刀剪下，
　制作一张阳文模版，在模版上
　涂少许化妆胶水

C.将模版粘合在肌肤上，选取茶
　白色柔雾颜彩滴入喷枪上壶，
　微微扣动扳机在模版四周喷出
　物料、注意边缘的虚实变化

D.用镊子将模版小心取下

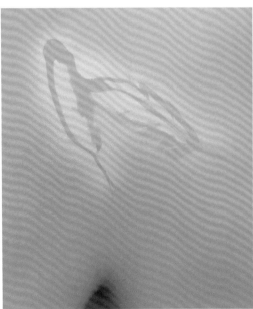

E.这样一个阴文的羽毛图案就完
　成了

小贴士

　　可以通过不同的模版遮盖喷出特殊的形状，配合羽化法，
反复喷染渲染效果。

6.6 催流法（涟漪）

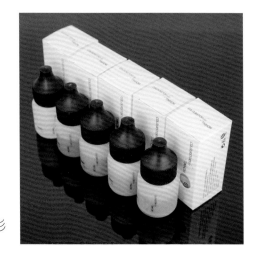

colour story 柔雾颜彩

A. 用催流法的原理，将双动喷枪扳机下压，向后拉到底，颜料与气体冲击会呈放射状喷溅

B. 选取靛青色柔雾颜彩滴入喷枪上壶

C. 扣动扳机将柔雾颜彩在肌肤上积累催流

D. 再向下、向后扣动扳机到底，使颜彩呈现吹流动效果，最后在水滴上用油彩加白色的高光

6.7 粘合法（蔓延）

colour story珠光眼影粉、
colour story凝露定妆液

A.选择各种颜色的珠光眼影粉

B.在喷枪上壶滴入凝露定妆液扣
动扳机将凝露定妆液均匀喷于
脸上

C.利用双动喷枪下压爆破出气的特
有功能，试色棒选取的橘色珠光
眼影粉吹向脸上

D.将用试色棒选取的紫色珠光眼
影粉吹向脸上

E.利用双动喷枪下压出气的独特功
能将多余的珠光眼影粉吹走

6.8 喷溅法（荼蘼）

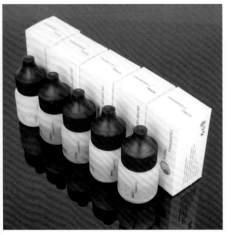

colour story柔雾颜彩

A.选取"炎"色柔雾颜彩滴入喷
　 枪上壶

B.用调刀遮住喷枪嘴的三分之二

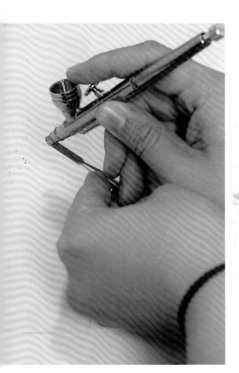

C.向后扣动扳机，柔雾颜彩就会
　 呈颗粒状喷洒在纸上

D.不够熟练我们就先在纸上多
　 练几次

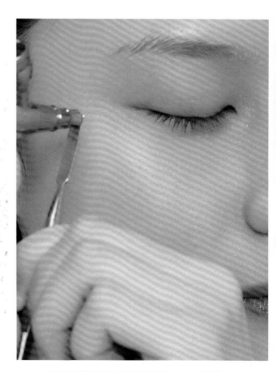

E.最后用调刀堵住喷枪口，扣动
　 扳机将各种色彩喷溅于脸上，
　 渲染成花开荼蘼的效果

Chapter 7
喷枪彩妆创意技法

7.1 水彩化霓虹

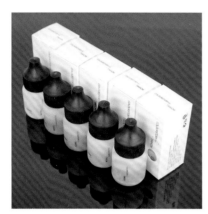

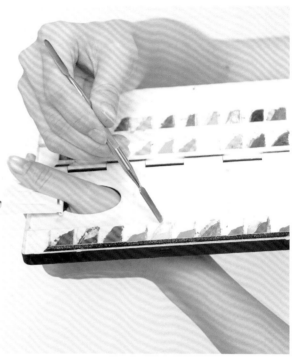

colour story 人体彩绘膏、
colour story 融雪混合液、
colour story 柔雾颜彩、
独角兽唇釉、
dior 自动眉笔

A. 先用调刀选取一小块人体彩绘膏

B. 将色料放入喷枪上壶

C. 滴入少量融雪混合液

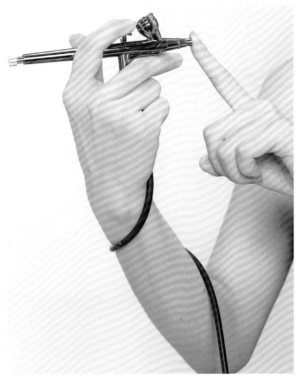

D. 用手抵住喷枪嘴扣动扳机，使气体回冲混
　 合稀释物料

E. 微微扣动扳机喷染稀释后的紫色彩绘膏

F. 在这基础上叠加稀释后的红色彩绘膏在紫色
　 的边缘线上

G. 喷染稀释后的绿色彩绘膏叠加在眉弓骨与
　 眼角

H. 再喷染稀释后黄色彩绘膏于下眼睑

I. 选取妃色柔雾颜彩滴入喷枪上壶。微微扣动
扳机均匀喷出腮红

J. 用眉笔画出眉型

K. 选择一款唇釉画一个咬唇妆

7.2 梦幻泡影

colour story柔雾颜彩

A.选取皂色柔雾颜彩滴入喷枪上壶，将全脸到锁骨处均匀喷染

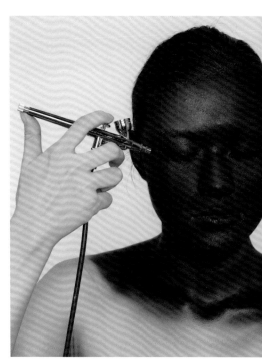

B.选取靛青色柔雾颜彩滴入喷枪上壶，扣动扳机将物料均匀喷染于脸上

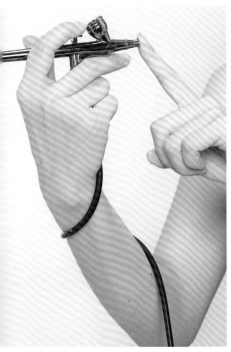

C.在喷下一个颜料前把喷枪中多余物料喷净再加入物料，用手抵住喷枪嘴扣动扳机使气体回冲混合物料再进行喷染

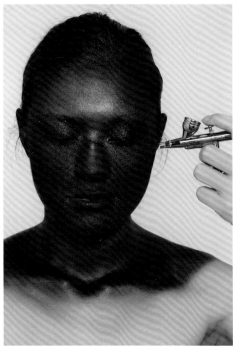

D.选取黛色柔雾颜彩滴入喷枪上壶，扣动扳机将物料均匀喷染于脸上

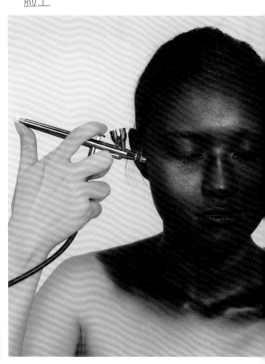

E.选取竹青色柔雾颜彩滴入喷枪上壶，重复C步骤，扣动扳机将物料均匀喷染于脸上

F.加入秋香色，重复C步骤，扣动扳机将物料均匀喷染于脸上

G.选取炎色，重复C步骤，扣动扳机将物料均匀喷染于脸上

H.选取大小适宜的圆形眼影盖，以遮盖法喷出物料

I.再选取略大的眼影盖以遮盖法于脸上进行喷染

J.将调刀遮住喷枪嘴运用喷溅法全脸喷染，渲染繁星

Chapter 8
喷枪的卸妆与清洗保养

8.1　深层清洁与卸妆

A.将卸妆液滴入喷枪上壶喷到全脸

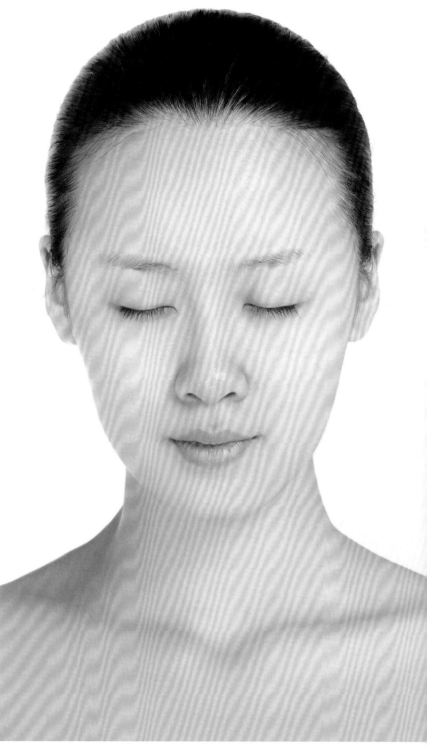

B.用棉片轻轻擦眼部

C.可以看到眼妆很容易就卸干净了

8.2 喷枪的清洗技法

A. 在喷枪上壶倒入洗枪液

B. 一只手堵住枪口，一只手下压出气，后拉使洗枪液和残余颜料混合

C. 喷出所有液体

D. 反复以上动作，洗净枪内残余颜料

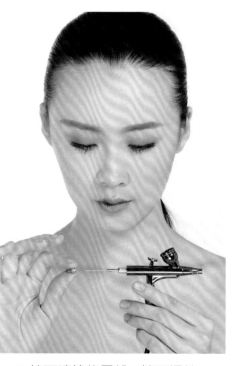

E. 拧下喷笔的尾部，拧下螺丝

F. 取出喷针

G.用面片蘸取洗枪液，轻轻擦拭喷针，注意喷针的针尖，然后装回喷枪，喷枪的保养就完成啦

小贴士

　　操作完成后，请尽快清洗喷枪以免物料沉积堵塞喷嘴。清洗喷枪时在上壶加入适量清洗液，手指堵住枪口，扣动扳机后将壶内残留物喷净即可，每周可以将喷针取出擦拭一次进行护理。

Chapter 9
喷枪创意彩妆欣赏

创意是一种创造力思维的体现是一种源于生活的冲动

是一种咏物而不滞于物的意境 是一种文化底蕴积淀的厚积薄发

而创意彩妆最最重要的是彩妆的本质

是在扎实的技艺功底上进行适当的理念表述

方式、方法和表现手段可以是多元化和发散性思维式的

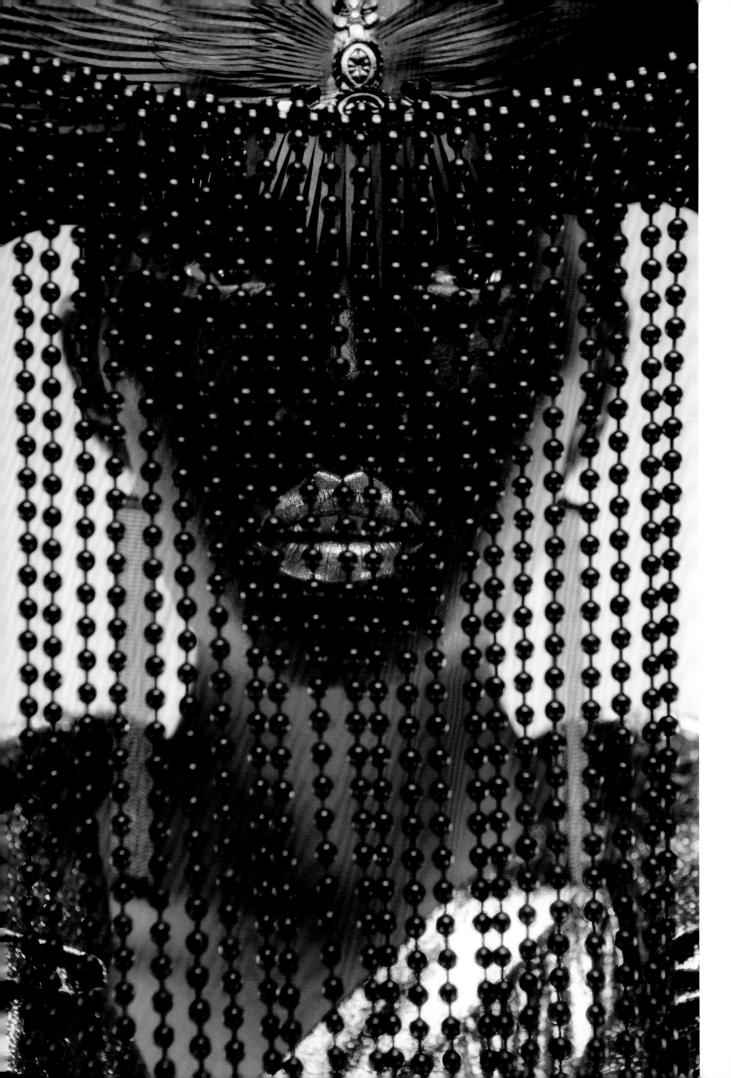

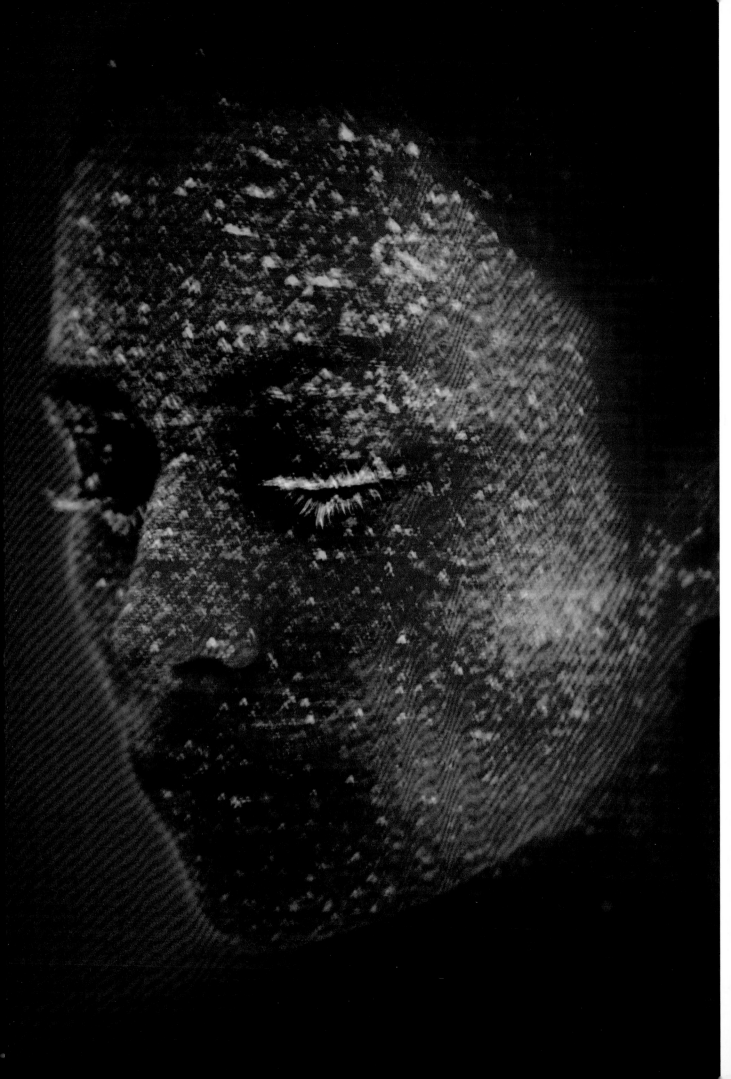